RAPPORT

SUR LES

DIFFÉRENS MÉMOIRES

DE M. BRÉMONTIER,

Inspecteur-général des Ponts et Chaussées, chargé de la dixième Division, et sur les travaux faits pour fixer et cultiver les Dunes du Golfe de Gascogne, entre l'Adour et la Gironde;

Par MM. Gillet-Laumont, Tessier, *Commissaires;* et Chassiron, *Rapporteur.*

PARIS,
DE L'IMPRIMERIE DE MADAME HUZARD,
RUE DE L'ÉPERON, N°. 7.

1806.

Extrait des *Mémoires de la Société d'Agriculture du département de la Seine*, tome IX.

RAPPORT (1)

SUR LES

DIFFÉRENS MÉMOIRES

DE M. BRÉMONTIER,

Inspecteur-Général des Ponts et Chaussées, chargé de la dixième Division, et sur les travaux faits pour fixer et cultiver les Dunes du Golfe de Gascogne, entre l'Adour et la Gironde.

MESSIEURS,

Avant de vous faire son rapport sur les différens mémoires qui vous ont été présentés par M. *Brémontier*, votre Commission a cru devoir faire des recherches et constater des faits qui aideront à former votre opinion (et par

(1) Lu à la Société d'Agriculture du département de la Seine, dans les séances des 5 et 19 Février 1806.

elle l'opinion publique) sur les travaux de M. *Brémontier*. Il importoit de savoir si ces travaux tiennent à des découvertes nouvelles, ou s'ils ne sont que l'imitation de ce qui a été fait ailleurs, notamment dans les Pays-Bas, en Hollande, etc. (1).

Les différens mémoires de M. *Brémontier* sont relatifs à des travaux déjà exécutés (2), et

(1) Quelques dunes ont été fixées en Angleterre et en Dannemarck, mais par des travaux si dispendieux, que les finances de la France ne pourroient y suffire, sur 3,898 mètres (cent lieues carrées) qu'occupent les dunes sur le sol françois.

Dans un mémoire qu'on vient de traduire et d'imprimer, sur les moyens de fixer et de planter les plaines de sables (et ce ne sont pas des dunes dont il s'agit ici), par MM. *Hartig* et *Burgsdorff*, grand-maître des forêts de Prusse, on lit que, pour fixer un arpent de sable, il faut quarante-trois charretées de ramilles, huit fort pieux, et un tiers de charretée de ramilles par verge de longueur. Avec de tels moyens, l'arpent de sables en France coûteroit plus que les meilleures terres (Voyez les *Annales de l'Agriculture*, tome XXVI, Avril 1806).

(2) Les travaux des dunes comprennent dans ce moment sept ateliers; le premier, au Verdon; le second, à Hourtens; les troisième et quatrième, à la Teste; le cinquième, à Mimizan; le sixième, à Saint-Julien-de-Lit; le septième, à l'embouchure de l'Adour. Ce dernier a plusieurs myriamètres (lieues) de longueur, sur environ

à d'autres, qui ne sont encore que des projets, mais présentés avec tous leurs développemens.

Les premiers sont constatés par des procès-verbaux, dont l'envie même ne sauroit contester les résultats.

Les autres ont pour base des expériences intéressantes, et des observations bien faites; car l'auteur paroît posséder le talent, assez rare, de bien observer; et il le doit à des études approfondies, à l'amour de son pays, et au vif désir de lui être utile, qui sont empreints à chaque page des ouvrages de M. *Brémontier*.

L'exposé même des faits vous annonce, Messieurs, que ce rapport contiendra deux parties.

La première sera relative aux travaux faits pour la fixation des dunes de sables, entre l'Adour et la Gironde, et pour leur plantation, dont le succès a passé toute espérance.

Dans la seconde partie, j'exposerai les travaux que l'auteur propose pour dessécher les

---

974 mètres 52 centimètres (500 toises) de largeur réduite. Les surfaces réunies des parties ensemencées sont, en 1806, d'environ 600,000 ares (17,500 arpens de 900 toises carrées).

étangs et les marais que les dunes ont formés en repoussant, ou refoulant les eaux et les ruisseaux dans l'intérieur du pays ; les moyens qu'il présente pour forcer la nature elle-même à réparer ses dommages, et à creuser, par l'action des vents, les canaux obstrués aujourd'hui par les sables jetés sur la côte par la mer et les vents.

Enfin, vous pourrez apprécier, Messieurs, les projets de l'auteur, pour rendre plus sûres les côtes dangereuses et mobiles du golfe de Gascogne, pour éloigner les incendies qui ravagent si souvent les forêts de pins, et qui détruiroient, en peu de temps, les bois qui doivent couvrir un jour les sables aujourd'hui stériles du bassin d'Arcachon.

Il me seroit difficile, Messieurs, de vous présenter tant d'objets différens dans les bornes d'un rapport ordinaire ; mais l'importance des objets sollicitera votre attention, et réclame votre indulgence.

PREMIÈRE PARTIE.

Fixation des Sables ; plantation des Dunes.

Les dunes sont des montagnes ou monticules de sables rejetés par la mer, et livrés à l'action des vents qui les agitent, les tourmentent, les poussent et les repoussent sans cesse.

On en voit sur toutes les côtes sablonneuses de l'Océan.

Ces sables de nature différente sont quelquefois calcaires, comme sur les côtes de la ci-devant Normandie, quelquefois mélangés, comme en Bretagne et dans la Saintonge. Ceux dont il s'agit ici sont généralement quartzeux entre l'embouchure de l'Adour et de la Gironde, ils forment les dunes qui règnent sans interruption sur 233,880 mètres de côtes, qui couvrent 1,139 myriares de superficie (1); leur hauteur n'est quelquefois que de 4 mètres (12 pieds), le plus souvent de 30 à 40 mètres (90 à 120 pieds), et quelquefois encore de 50 mètres (150 pieds), et même davantage; leur hauteur réduite, ou plutôt l'épaisseur de ces sables, s'ils étoient régalés sur un plan de niveau, seroit à-peu-près de 18 mètres (54 pieds). Poussées par l'action des vents qui y excitent de véritables

(1) L'étendue de ces dunes est en longueur, de 233,880 mètres, ou 60 lieues (de 2,000 toises); la largeur réduite est de 2,500 toises, ou une lieue et un quart, qui, multipliée par 60, donne 75 lieues carrées, ou 1,139 myriares.

tempêtes, elles marchent souvent comme une armée dangereuse, et menacent d'envahir champs, métairies, maisons, édifices, étangs, forêts, et des villages entiers. Rien ne peut résister à cette mer de sables qui avance chaque année, terme moyen, de 24 mètres (72 pieds), sur tout le développement des côtes du bassin d'Arcachon. Déjà les bois de pin de Saint-Julien-de-Lit, de Lacanau, de la Teste, du vieux Soulac, de Mimizan, ont existé sur les côtes; et comme les dunes marchent toujours vers l'est, il est indubitable que dans la succession des siècles, le riche territoire de Bordeaux disparoîtroit, et seroit successivement envahi.

Ces masses de sables obstruent souvent les canaux naturels des rivières et des ruisseaux, et refoulent leurs eaux dans les terres ainsi exposées au double fléau des sables et des eaux.

Tel est, Messieurs, l'ennemi (car les dunes méritent ce nom) que M. *Brémontier* s'étoit proposé de combattre ou d'enchaîner.

Mais comment le vaincre? comment l'attaquer? Par des travaux d'arts, des digues, des jetées? elles ne trouveroient ni assiette, ni fondement, dans des sables tellement mobiles, que souvent les animaux, pour ne pas y périr, n'ont d'autre ressource que de se jeter sur le côté, et de s'étendre, pour présenter une plus large surface et ne pas *couler à fond*, si j'ose ainsi parler (1).

La végétation d'arbres ou de plantes offriroit un second moyen de fixer, de consolider les sables, en les dérobant à l'action des vents; mais comment fixer la végétation elle-même? Comment attacher des racines dans des sables sans cesse agités? Comment favoriser la végétation dans des débris de quartz, et qui n'offrent, en apparence, aucune terre propre à la végétation? Car l'opinion générale étoit que ces sables étoient totalement infertiles, et de nature différente de ceux de la Hollande et des Pays-Bas.

---

(1) Ces précipices n'existent que dans les lieux inondés, puis délaissés par les eaux; le sable apporté par les vents y forme quelquefois de petites voûtelettes posées les unes au-dessus des autres, qui offrent au voyageur un sol uni et trompeur; mais bientôt elles s'affaisent sous ses pas, et le précipitent dans des amas d'eau et de sable mobile, dans lesquels il s'enfonce d'autant plus, qu'il fait d'efforts pour trouver à l'intérieur un point d'appui, il ne lui reste que la ressource d'imiter l'instinct des animaux de cette contrée, en se jetant sur le côté. (*Gillet Laumont.*)

Il faut convenir, Messieurs, que ces idées étoient décourageantes, et qu'il sembloit difficile de vaincre ces difficultés.

Deux observations importantes fixèrent les doutes de M. *Brémontier*, et l'engagèrent à tenter quelques expériences dont je dois vous rendre compte.

Quelques mobiles que soient les sables du bassin d'Arcachon, M. *Brémontier* observa qu'en y introduisant la main à quelques centimètres de profondeur, on rencontroit toujours une humidité très-sensible sous ces sables brûlans à la superficie.

En parcourant les dunes, il observa encore que cette humidité, ces eaux souterraines, augmentoient de densité en raison de l'élévation, de manière que le sommet de ces monticules étoit plus lié, plus compact que les sables de leurs bases.

Ce qui conduisit l'auteur à ces expériences fut l'observation d'un fait très-extraordinaire, et sur lequel l'avoit consulté notre illustre *Daubenton*.

Pourquoi les dunes, ces monticules formées, élevées peu-à-peu par les couches de sables jetés par les flots, et amoncelés par les vents; pourquoi, dis-je, une fois formées, ne sont-elles pas détruites par les mêmes causes, par les vents et les tempêtes? Pourquoi sont-elles toujours progressives, marchent-elles, ou plutôt roulent-elles sur elles-mêmes, sans être dispersées par les vents (1)?

Les dunes ont donc une sorte de ténacité, de force d'adhérence; qui peut la leur donner? Il faudroit, Messieurs, vous lire ici la réponse de M. *Brémontier* à *Daubenton*, je ne puis vous en rapporter que les faits principaux et les plus intéressans; c'est l'auteur qui va parler lui-même.

« Plusieurs causes aussi simples que natu-
» relles doivent concourir à entretenir une

---

(1) Les vents de mer venant de l'ouest enlèvent la partie supérieure des dunes, et la jettent à l'est à leur pied, du côté des terres; le sommet de la dune alors découvert, si le vent continue, se dessèche et est pareillement enlevé; alors les sables déposés sur le penchant de ces masses, du côté de la mer, poussés par les vents, les tempêtes, vers le sommet, ne peuvent se fixer sur un sol mobile, ils sont à leur tour précipités. Cet effet alternatif et constant produit une nouvelle ligne de dunes derrière la première, et les fait inévitablement avancer annuellement. Mais cet effet n'auroit pas lieu sans la ténacité, la force d'adhésion de ces sables, qui, sans cette adhésion, seroient dispersés par les vents, et formeroient, comme dans les landes, des plaines de sables. (*Gillet Laumont.*)

» fraîcheur continuelle dans ces sables si
» arides à leur surface.

» Personne n'ignore que l'air est le plus souvent surchargé de molécules d'eau pendant les nuits et quelquefois pendant les jours les plus beaux.

» J'ai vu, dans le midi de la France, dans l'automne et le printemps, par des vents de sud-est assez chauds et un ciel sans nuages, les pavés, les graviers aussi mouillés que s'il étoit tombé une légère pluie.

» Ces faits prouvent que partout où il y a de l'humidité disséminée dans l'air, elle se fixe sur les surfaces dures et polies, et conséquemment peu poreuses (1).

(1) Ce n'est point comme corps *durs* et *lisses* que l'humidité s'attache à leur surface, c'est comme corps peu poreux. Le calorique contenu dans l'air environnant entre dans ces masses lorsqu'elles sont à une température plus basse que celle de l'atmosphère, alors l'eau qui est dissoute dans l'air à l'aide de la chaleur, ne pouvant plus y rester suspendue, se dépose à la surface de ces corps.

On en a un exemple fréquent dans un lieu fermé, lorsque l'on y apporte un vase rempli d'une liqueur fraîche; il en est de même à l'extérieur, si un air chaud qui tient beaucoup d'eau en dissolution est porté vers un lieu élevé, sur-tout lorsqu'il est couvert de grands végétaux, qui y produisent une fraîcheur très-sensible, alors l'air perdant

» Que ces molécules surabondantes se dé-
» posent sur tous les corps durs et lisses, et
» conséquemment peu poreux, tels que les
» marbres, les pierres dures, les glaces ;
» qu'elles s'y rassemblent, s'y accumulent de
» manière à couler et à tomber en gouttes
» sur la terre.

» Or ces deux causes se réunissent dans les
» dunes du bassin d'Arcachon.

» Leurs sables, presque tous quartzeux,
» sont d'une finesse extrême; sans cesse rou-
» lés par les flots ou par les vents, ce ne sont
» plus que de petites sphères polies qui ne se
» touchent que par un point, elles laissent

---

son calorique dépose l'eau surabondante sur les corps qu'il touche, et c'est probablement la cause de la plus grande fraîcheur du sommet des dunes ; de même les rochers, les murailles, lors d'un dégel, ruissèlent d'humidité. En général tous les corps, qui, lors d'un abaissement de température, perdent facilement leur calorique, deviennent, lorsqu'elle augmente, des centres d'attraction du calorique et de l'humidité, beaucoup plus puissans qu'on ne le croit ordinairement.

J'ai exposé cette théorie à l'égard des montagnes, des forêts, et des sources qui en découlent, dans une note d'un rapport sur des tourbières, imprimé dans le *Bulletin de la Société d'Encouragement*, N°. XVI, Vendémiaire an XIV. (*Gillet-Laumont.*)

» des vides entr'elles, où l'air et l'humidité » pénètrent avec facilité; la chaleur ne se » communique que par le point de contact » qu'elles ont entr'elles, l'humidité les enve- » loppe sur tous les autres; elle est encore » fixée par les parties salines que déposent » l'air et l'eau toujours chargés de sel, sur les » bords de la mer. D'ailleurs, les sables quart- » zeux de la superficie, tantôt opaques et » tantôt diaphanes, réfléchissent ou réfrac- » tent la chaleur et la lumière.

» Remarquez encore que près des sables et » des dunes, il y a un réservoir immense » d'eau et de sel marin; que les tempêtes, » excitées par les vents de nord-ouest et de » sud-ouest, soufflent avec violence; que les » vagues se brisent avec fureur sur la côte ou » sur les bancs, qu'elles s'élèvent souvent de » plusieurs mètres de hauteur, retombent sur » la plage, et se divisent en particules très- » fines chargées de sel, enlevées, dissémi- » nées par les vents. Or, tel est le phénomène » que nous offrent les tempêtes de l'Océan, » et personne n'ignore qu'après ces grandes » tourmentes, le voyageur qui se promène » sur ces côtes trouve sur ses lèvres, sur ses » vêtemens, souvent à d'assez grandes dis-

» tances, la présence de l'humidité et du sel » marin, si les vents soufflent de la mer. »

C'est à toutes ces causes réunies que l'auteur attribue l'humidité qui règne toujours sous la première couche des sables du bassin d'Arcachon.

C'est par-là qu'il explique l'adhérence des sables des dunes, qui les force de se mouvoir sans être dispersés.

C'est à ces mêmes causes que M. *Brémontier* attribue la plus grande humidité du sommet des dunes, plus exposées que leurs bases à l'action des vents imprégnés d'eau et de sel, qui retombent en brouillards épais, et pénètrent la masse en raison des surfaces, sur-tout pendant la fraîcheur des nuits, qui condense l'eau tenue en dissolution dans l'air atmosphérique.

Enfin, c'est par-là que l'auteur démontre encore la possibilité de la végétation prodigieuse des sables et des dunes près de la mer (quand toutefois il est possible de les fixer), tandis que, dans les landes de Bordeaux, ces mêmes sables offrent une végétation si lente et si pénible.

Quelle que soit votre opinion, Messieurs, sur cette ingénieuse théorie, on peut dire que, si elle explique la végétation étonnante sur les dunes du bassin d'Arcachon, cette même végétation (qu'il est si difficile d'expliquer par toute autre cause) semble confirmer cette même théorie. Ainsi donc, deux grands agens de la végétation, la chaleur et l'humidité, auxquels on pourroit adjoindre la présence du muriate de soude ou sel marin, existant dans les sables des dunes du bassin d'Arcachon, il n'étoit donc pas douteux que la végétation d'arbustes et d'arbrisseaux, et enfin de grands arbres, de chênes, de mélèzes, de sapins, fixeroient les sables et consolideroient les dunes elles-mêmes; il ne s'agissoit plus que de favoriser cette même végétation et de la rendre possible, en fixant quelque temps les sables, et en les dérobant à l'action des vents, jusqu'à ce que les racines des diverses plantes fussent poussées, et que leur tiges couvrissent le sol. La chose n'étoit pas sans difficulté, *elle eût été même très-difficile*, si on eût commencé par les dunes, puisqu'elles marchent sans cesse. M. *Brémontier* dut ce succès à la découverte de quelques faits, qui prouvent encore le talent d'observer que vous lui avez reconnu.

Les dunes ne se forment qu'à quelque distance de la mer; le plus souvent du pied des premières

premières dunes, jusqu'à la ligne de la *laisse* des plus hautes marées, il se trouve un espace de 200 mètres et au-delà, dont la surface est plane, presque de niveau, sur laquelle les sables de la mer glissent, sans s'arrêter, jusqu'aux premières dunes.

C'est cette partie que l'auteur tenta de fixer par des semis. Sans ces premiers abris, tout travail dans l'intérieur est bientôt détruit. Du succès de cette première plantation résulte celle de l'entreprise.

Il faut semer toute cette partie plane en graines de pin, en genêt ordinaire et épineux; mais comment préserver ces premiers semis? L'auteur tenta plusieurs moyens; il chercha par des cordons de fascines parallèles, à contenir les sables, et empêcher qu'ils ne fussent trop vite enlevés et balayés par les vents.

Il avoit proposé encore un large fossé, auquel on n'a point été obligé d'avoir recours, le long de la ligne des hautes marées, afin de recevoir les sables roulés par la mer et de les arrêter.

Enfin il tenta de recouvrir les semis entiers de branches d'arbres verts, retenues par des crochets enfoncés dans le sable; il eut soin que le gros bout de la branche fût toujours dirigé vers le rivage, pour opposer plus de résistance au vent, et afin que les sables pussent glisser dans la direction même des feuilles, sans les arracher de la tige.

Le dernier moyen est le seul qui ait répondu aux espérances de l'auteur, et qui ait eu un plein succès. Les graines germent, poussent avec une prodigieuse rapidité, forment bientôt un *fourré* impénétrable, d'un mètre (3 pieds) de hauteur. Dès-lors le travail est assuré. Cette première ligne de circonvallation couvre une seconde parallèle, et défend le terrein intérieur; elle arrête les sables qu'apporte la mer, et qui, en s'élevant, forment une nouvelle dune ou cordon que surmontent toujours les plants de genêts, et sur-tout de pins.

Il est facile alors de continuer les plants et semis dans l'intérieur et sur les dunes, les vents seuls qui y portent les graines des forêts voisines couvriroient le terrein de plantes, d'arbres, de sapins; mais ce seroit l'ouvrage des siècles, il faut que ce soit celui de quelques années. Pour y parvenir, dès que les premiers plants ont cinq à six ans, on sème une seconde zone parallèle à la première, de 60 à 100 mètres de largeur, sans laisser d'intervalle, et en poussant ainsi ces plantations parallèlement, on arrive jusqu'au sommet des dunes.

Les semis, dans les vallons qui les séparent, ne demandent que de légères précautions ; quant aux dunes elles-mêmes, il faut recourir à d'autres moyens.

Si l'on peut se procurer assez de branchages de pins, de genêts, d'arbrisseaux, d'arbres verts, pour établir des couvertures, ce moyen supplée à tous les autres : si la Nature s'y refuse, on établit des clayonnages, des cordons de fascines que l'on dispose comme les cases d'un damier. On sème dans ces cases, et telle est la force de la végétation, qu'avant que les fascines soient détruites et les sables amoncelés, les nouveaux plants sont enracinés et assez élevés pour protéger le terrein et ne plus rien redouter de l'action des vents, des sables et des tempêtes : ainsi l'on arrive jusqu'au sommet des dunes.

Telle est la méthode employée par M. *Brémontier*, pour rendre possible la végétation dans les sables du bassin d'Arcachon, et pour parvenir par cette végétation même à la fixation des dunes.

Vous verrez, Messieurs, dans la deuxième partie de ce rapport, les avantages qui peuvent résulter de la plantation des dunes, pour la navigation de ces côtes dangereuses, pour le desséchement des immenses terreins submergés par les eaux refoulées par les sables, pour la jonction de la Gironde et de l'Adour si ardemment désirée.

Ce ne sont là que des espérances et des projets : ici je ne dois vous parler que des succès, que des faits tracés, pour ainsi dire, sur le terrein même, et constatés par des procès-verbaux des commissaires nommés par MM. les Préfets et les Administrations qui les ont précédés.

Le rapport que j'ai l'honneur de vous lire n'offre que le résumé de ces différens procès-verbaux.

Je me hâte d'arriver, et de vous offrir les résultats des travaux dont j'ai eu l'honneur de vous entretenir.

Vous avez vu précédemment que les dunes du bassin d'Arcachon règnent sans interruption sur 233,880 mètres de côtes; qu'elles couvrent aujourd'hui 1,139 myriares de superficie; qu'elles avancent chaque année, dans les terres, de 20 à 25 mètres sur tout ce développement.

C'est assez vous dire, Messieurs, qu'une

telle entreprise, qui ne peut être exécutée que par vastes zones, ne peut être confiée qu'au Gouvernement, qui en effet a fait les premiers essais. Le succès a été tel que, d'après une simple règle de proportion, la dépense totale de l'entreprise, d'abord présumée de huit millions, ne seroit que de quatre millions en capitaux et intérêts. Le temps indispensable (dont une partie est déjà heureusement écoulée) sera de trente-cinq à quarante ans; il seroit possible de le réduire à moitié en doublant les capitaux (1).

Mais ce qui paroîtroit inconcevable, et qui ne peut s'expliquer que par la prodigieuse végétation des dunes, c'est que les seuls revenus en plantations donneront, au bout de soixante à soixante-dix années, un revenu annuel de plus de quatre millions, c'est-à-dire plus que le capital dépensé, et « c'est, dit » très-bien dans son rapport M. *Duplantier*, » la première fois peut-être que, dans un

(1) En ce moment, Mai 1806, on a lieu de présumer que l'entreprise entière (intérêt et capitaux) n'excédera pas *trois millions*; le travail devient de plus en plus facile; les premiers semis faits pour essais en 1788—89, 91 et 92, donnent déjà des produits qu'on n'attendoit qu'à vingt-cinq ans.

» grand plan et une vaste entreprise, l'expé-
» rience a prouvé plus avantageusement que
» la théorie. »

On ne peut expliquer ces importans résultats que par la prodigieuse force de la végétation dans les dunes. Vous en avez déjà eu la preuve, Messieurs, dans les plants de différens âges présentés avec leurs racines à la Société, et dans des coupes transversales de pins de différentes années. Voici les résultats généraux : pins de six ans, 4 à 5 mètres de hauteur; pins de huit ans, hauteur, 6 à 8 mètres; pins de quinze à seize ans, 10 à 12 mètres de hauteur; circonférence, 97 centimètres (3 pieds): genêts épineux et ordinaires de cinq ans, hauteur, 2 mètres; de huit ans, 3 mètres et au-delà. Les chênes, les aulnes, les saules, les sapins, les liéges, etc., croissent dans la même proportion.

Les pins et les autres arbres résineux qui, dans les landes, n'offrent de produit qu'à vingt ou vingt-cinq années, ont fourni des résines à quatorze années, et ils avoient alors de 50 à 80 centimètres de circonférence (1).

Je vais rassembler le nom des arbres, ar-

(1) Ces pins n'étoient que de médiocre grosseur, et ceux qu'on vouloit sacrifier, étant trop épais.

bustes ou plantes, qui croissent avec rapidité dans les sables des dunes une fois fixées, et qui se propagent d'eux-mêmes.

Les arbres sont les pins (*pini*), les liéges (*quercus suber*), les chênes (*quercus*).

On croit que le cyprès (*cupressus semper virens*), la pesse (*pinus abies*), le mélèse (*pinus larix*), réussiroient également.

Les arbustes sont le genêt commun (*spartium scoparium*), le genêt épineux (*ulex europœus*), les tamariscs (*tamarix gallica, tamarix germanica*), les arbouziers (*arbuti*), les alaternes (*rhamni*), les filaria (*phillyreœ*), le garou (*daphne mesereum*), l'épine blanche (*mespilus vulgaris*), l'épine noire (*prunus sylvestris*), les chèvre-feuilles (*lonicerœ*), etc.

Les plantes sont les bruyères (*ericœ*), les plantains (*plantagines*), les millepertuis (*hiperica*), les paquerettes (*bellides*), etc.; mais deux plantes sur-tout croissent avec rapidité, et résistent à tous les mouvemens des sables; l'une est l'élyme (*elymus arenarius*), l'autre est le roseau des sables (*arundo arenaria*); ils s'élèvent toujours au-dessus des sables, et ne cèdent la place que lorsqu'ils sont totalement déracinés.

M. *Saint-Amand*, professeur de botanique,

croit avoir trouvé une plante nouvelle dans les vallons des dunes ; mais il ne la décrit pas. Elle est du genre de l'*hyeracium ;* et comme la tige et la feuille sont recouvertes de duvet, il la nomme *hyeracium lanuginosum.*

Presque toutes les plantes vivaces prospèrent avec la même rapidité, et à mesure que les sables s'élèvent, leurs tiges les surmontent et les racines s'enfoncent ; il est des vignes dont la première tige se trouve à 10, 12 mètres de profondeur. Si les gelées du printemps emportent les premières pousses, on déchausse, on retaille plus bas, et les nouveaux nœuds donnent d'abondantes récoltes : fait intéressant que j'ai cru devoir consigner dans ce rapport, parce qu'il peut être imité (1).

Sans doute, Messieurs, une végétation si active vous inspire le désir de connoître la nature du sol ou des sables du bassin d'Arcachon.

Pour y répondre, nous avons invité nos collègues, MM. *Gillet-Laumont* et *Vauquelin,* à les soumettre à l'analyse. Ces sables sont plus ou moins mélangés de mica, de parties calcaires, de débris de coquilles, de parties at-

(1) La vigne prospère dans les dunes *fixées*, mais elle ne peut être utile à leur *fixation ;* on la cultive avec avantage entre Moliets et l'embouchure de l'Adour.

tirables à l'aimant, mais tout cela dans une si foible proportion, qu'on peut les regarder comme entièrement quartzeux.

Les différens produits qu'ils ont offerts, suivant les contrées, seront indiqués dans un tableau, à la fin de ce rapport.

C'est dans ces sables arides, dans ces sables presque totalement quartzeux, qu'a lieu cette végétation prodigieuse qu'on chercheroit inutilement ailleurs, et dont M. *Brémontier* semble très-bien exposer les causes dans sa lettre à *Daubenton*.

Deux grands principes de la végétation, la chaleur et l'humidité, y abondent. Le sol, les sables ne sont là qu'une matrice propre à soutenir la plante; cette matrice s'enrichit bientôt du détritus des feuilles et des racines de ces mêmes plantes, mais elle paroît contribuer peu à leur première végétation : phénomène intéressant, et que je livre, Messieurs, à vos méditations.

On ne contestera pas sans doute l'utilité des travaux de M. *Brémontier*; mais il importe à sa réputation, et peut-être à l'honneur national, de savoir si ces travaux sont une imitation de ce qui s'est fait dans d'autres contrées, ou s'ils appartiennent à l'auteur.

Nous avons cru devoir faire quelques recherches à cet égard : en voici les résultats.

Il faut bien distinguer entre la plantation des sables et la fixation des dunes, entre quelques sables épars sur les bords de l'Océan, ou les plaines immenses de sables qui forment les dunes et les landes;les premières offrent 37 myriamètres de superficie, les landes ont plus de 400 myriamètres.

Toutes les côtes sablonneuses de la France, des Pays-Bas, de la Hollande, du Danemarck, de l'Europe entière, offrent l'exemple de plantations faites dans des sables au bord de la mer ; on y cultive même la vigne, le blé, et sur-tout d'excellens légumes.

On sait encore que l'on a essayé plusieurs fois de planter, de cultiver différentes parties des landes de Bordeaux.

Mais tous ces sables sont des dépôts formés depuis longues années, et n'éprouvent de déplacemens qu'à la surface et par l'action des vents ; ils ne forment pas des montagnes voyageuses qui s'élèvent, s'abaissent, se forment, disparoissent, marchent en entier depuis des siècles.

Tels sont les sables dont il s'agit ici ; telles sont les dunes qu'il falloit fixer, et nous avons vainement cherché les exemples d'un pareil travail.

La preuve même qu'il n'existoit pas, c'est qu'en 1779 l'Académie de Caen proposa le sujet de prix suivant :

Quels sont les arbustes, les plantes qui croissent sur les rivages de la mer sans avoir besoin d'en être baignés à toutes les marées, et qui pourroient servir à la construction des digues?

Quelle seroit la culture de ces arbres et plantes? Quels seroient les meilleurs moyens à employer pour former des digues économiques, susceptibles d'une résistance constante et progressive?

Il n'y eut point de prix adjugé. Pareille question fut proposée en 1786 pour les dunes de Picardie : elle ne fut point résolue.

En 1781 et 1782, la Société libre de Harlem proposa le prix suivant :

Quels seroient les moyens les plus efficaces de détourner des côtes les courans du Texel, ou de précautionner les digues contre leurs effets?

On ne connoît point de réponse.

Mais ces prix proposés, ces questions multipliées sont la preuve la plus positive que le secret de fixer par la végétation des sables mobiles et voyageurs n'étoit point connu.

Il existe un ouvrage en deux volumes sur les dunes de la Hollande, imprimé à Leyde en 1798 et 1799. Cet ouvrage a pour titre : *Rapport fait au Gouvernement de Hollande par une Commission, nommée pour examiner l'état des dunes et les moyens propres à avancer leur fertilisation.*

On vous a adressé à vous-mêmes, Messieurs, l'extrait de ce rapport avec des remarques sur cet ouvrage. Voici les pièces sur le bureau, et il est aisé de se convaincre qu'elles ne contiennent rien d'analogue aux travaux de M. *Brémontier.* Il vous sera fait un rapport particulier de cet ouvrage, et ce motif m'empêche d'entrer ici dans de longs détails.

Enfin, Messieurs (et ce fait est plus positif), dans l'ouvrage de M. *Dieudonné*, trop tôt enlevé au département du Nord, dans la Statistique de ce Département, qu'il ne faut pas confondre avec beaucoup d'autres ouvrages qui portent ce nom, ce Préfet, vraiment administrateur, rend compte au Gouvernement des travaux faits et à faire aux dunes qui s'étendent de la Somme à l'Escaut.

« De tout temps, dit-il, les cultivateurs voisins des digues ont cherché les moyens de s'en garantir ; mais si leurs efforts ont retardé leurs progrès, ce n'est pas pour long-temps. »

Les Flamands n'avoient donc pas trouvé le secret de fixer leurs dunes.

Ils le connoissent si peu, que M. *Dieudonné* les invite à imiter les travaux faits dans le département de la Gironde.

« Pourquoi, leur dit-il, n'obtiendroit-on pas des résultats aussi heureux dans le département du Nord, dont les sables paroissent d'ailleurs plus propres à la végétation ? »

Des faits aussi positifs parlent d'eux-mêmes, et nous dispensent de tout raisonnement, de toute conclusion.

Dans la seconde partie de ce mémoire, Messieurs, votre Commission se propose de vous présenter les vues de l'auteur,

Sur les causes de la formation des dunes et de cette immense plage de sables qui n'ont jamais pu être produites par la Gironde et l'Adour ;

Sur la date présumable de leur formation.

Elle rassemblera quelques phénomènes intéressans qu'offrent les dunes du bassin d'Arcachon, et qui n'ont pu trouver place dans la première partie de ce rapport.

Nous vous développerons les vues de l'auteur sur les moyens qu'offrent les dunes elles-mêmes (c'est-à-dire les vents et les sables), pour dessécher les immenses terreins qu'elles ont inondés, en refoulant les eaux des ruisseaux et des canaux.

Enfin, Messieurs, vous pourrez apprécier les moyens proposés par M. *Brémontier*, pour rendre plus sûres, par le moyen des dunes mêmes et des plantations, ces côtes si dangereuses aujourd'hui entre l'Adour et la Gironde ; mais, quelle que soit votre opinion sur les moyens proposés par l'auteur, vous demeurerez convaincus qu'ils n'ont pu lui être inspirés que par de vastes connoissances et une infatigable persévérance.

DEUXIÈME PARTIE.

Rapport sur les travaux des Dunes.

Quelle est, Messieurs, la cause qui concourt à la formation des dunes du golfe de Gascogne?

Où sont les matériaux de ces immenses dépôts de sable qui couvrent, comme je l'ai déjà dit, 37 myriamètres, et dont le cube total peut être évalué à 199-433-983-875 mètres cubes (1)?

(1) La surface des dunes est de soixante-quinze lieues carrées, dont la surface en toises est de 300,000,000, ou

Sont-ce les rivières de la Gironde et de l'Adour qui portent à la mer les sables qui forment les dunes ?

L'auteur cherche à démontrer que ces fleuves n'ont jamais pu fournir ces immenses dépôts dont la masse ne pourroit être contenue dans toutes les cavités, dans tous les vallons de la Gironde, de l'Adour et de leurs affluens ;

Que ces vallons sont composés de terreins calcaires, argileux, de terre végétale, et de nature très-différente des sables des dunes.

Il parcourt ensuite les côtes d'Espagne, depuis le cap d'Ortegal jusqu'à Fontarabie et Bayonne ;

Celles de France, depuis Ouessant jusqu'à Royan et Oléron.

Il y trouve toutes les matières dont les dunes sont formées, par-tout les traces des ravages de la mer, des graviers, des lits de pierre et de terre, plus ou moins saillans, plus ou moins excavés, suivant l'adhérence des parties et

---

de 11-396-227-650 mètres carrés, sur 54 pieds (17 mètres au moins) de hauteur réduite, ce qui donne un produit de 199-433-983-875 mètres cubes : Ce calcul a été fait d'après des nivellemens sur lesquels on peut compter.

leur résistance, des grottes profondes dans des montagnes coupées à pic et tombant en ruine, des blocs de pierres, de rochers énormes nouvellement éboulés et entassés, enfin la destruction journalière de ces côtes prouvée par celle des ouvrages d'art les plus solides, qui éprouvent, dans peu de temps, des dégradations assez sensibles, pour n'y plus reconnoître l'ouvrage de l'art et la main de l'homme.

Ces amas de rochers, de terres, sont sans cesse battus, soulevés, froissés, roulés, entraînés par le mouvement constant des eaux de la mer, dans le golfe de Gascogne.

Les quartz, les cailloux, les graviers, en se détruisant eux-mêmes, minent également les rochers les plus durs. Tous ces débris se broient, s'atténuent sur la plage, jusqu'à ce que, pulvérisés et devenus sables, ils deviennent le jouet des vagues, et ensuite des vents qui les disposent à jouer un nouveau rôle dans la Nature, en formant des dunes.

Les sélenites, les terres calcaires, argileuses, plus ou moins décomposées et délayées, se combinant avec les eaux de la mer, sont portées par elles à l'abri des vents, dans des baies plus tranquilles, où elles se déposent.

C'est aux mêmes causes que l'auteur attribue

bue la formation des landes : tout prouve que ces plaines de sables sont un terrein récemment formé et abandonné par la mer, un terrein très-nouveau enfin, si on le compare avec la rive droite de la Garonne, dans l'ancien Périgord, et l'Agénois.

Les corps marins, en très-grand nombre dans ces dernières contrées, sont, pour la plupart étrangers à nos mers : l'espèce de plusieurs ne se retrouve plus ; les uns sont minéralisés, les autres, presque toujours plus durs que la pierre, sont quelquefois *silifiés*.

Ceux au contraire que l'on rencontre dans le terrein des landes, ont à peine changé de nature, ils sont environnés d'une gangue tendre et friable, ils sont le plus souvent tels que les eaux les ont déposés. Tous leurs analogues se retrouvent dans les mers qui environnent ces côtes (1).

Quelle que soit votre opinion, Messieurs, sur cette ingénieuse théorie, il faut avouer qu'elle explique assez bien la cause de ces immenses dépôts, qui vont former les dunes

---

(1) Je connois la forge d'Abelle, à 5,000 mètres (2,500 toises) nord-nord-ouest de Dax, dans les landes, près de laquelle on trouve une mine de fer en astroïtes, madrepores et millepores, dont on ne trouve plus les ana-

sur les côtes de Gascogne, et sur celles des ci-devant provinces de Poitou et Aunis; ces dépôts argileux, ces laisses de la mer, qui ont formé ces marais immenses, dont partie sont déjà l'objet de grands desséchemens, partie sont encore abandonnés aux eaux, et attendent, pour être fertilisés, les secours de l'industrie humaine.

Ainsi, Messieurs (et c'est un fait depuis long-temps reconnu par les observateurs et les marins), l'Océan travaille sans cesse à combler le golfe de Gascogne aux dépens des côtes et des promontoires plus avancés (1).

En n'attribuant à ces explications que le dégré de probabilité que leur donne l'auteur lui-même, qui ne les propose que pour solliciter de nouvelles observations, on ne peut nier, Messieurs, qu'elles sont probables et

---

logues dans nos mers. Je n'en regarde pas moins les landes comme de formation moderne.

On trouve aussi quelquefois dans les landes des pointes de rochers, qui ont sans doute résisté à l'action des mers, et sont aujourd'hui rechargées, recouvertes par leurs dépôts. (*Gillet Laumont.*)

(1) Si l'on pouvoit tirer quelque induction de la marche et des progrès actuels des dunes dans les landes, on pourroit en conclure qu'il a fallu plus de quatre mille ans pour la formation de la masse entière.

très-ingénieuses, et c'est peut-être là le point où doivent se réduire tous les efforts de l'esprit humain, pour expliquer les grands phénomènes et les grands accidens de la Nature.

Mais s'il ne nous est pas donné d'en connoître les causes, nous pouvons au moins calculer leurs effets, et les diriger vers notre propre utilité.

Vous avez vu, Messieurs, dans la première partie de ce rapport, que M. *Brémontier* a déjà atteint ce but, puisqu'il a réussi à fixer les sables des dunes, à les couvrir d'arbres, de plantes, d'arbustes, à transformer en forêts, en pâtures, ces vastes déserts de sables mobiles.

Mais comme le citoyen inspiré par l'amour de son pays ne connoît point de terme à ses efforts et à ses espérances, qu'une découverte déjà faite n'est pour lui qu'un moyen de marcher à des découvertes nouvelles, M. *Brémontier* propose de tirer des plantations des dunes un moyen assuré de préserver les côtes dangereuses du golfe de Gascogne, des naufrages qui y sont malheureusement si fréquens.

Les causes de ces naufrages, sont la grande mobilité des dunes, leur blancheur uniforme, qui se confond avec l'horison, et enfin la multitude d'écueils, de bancs de sable que présente la côte entre la Gironde et l'Adour.

Le navigateur, une fois poussé par la tempête dans le golfe de Gascogne, croyant reconnoître les balises naturelles qu'il a laissées à son départ, manque les passes, et va se perdre sur les mêmes bancs de sables, derrière lesquels il eût pu trouver un abri et un refuge.

Pour assurer cette côte et en faire reconnoître les différentes passes, l'auteur propose de laisser de deux myriamètres en deux myriamètres environ, des espaces vides ou allées perpendiculaires au rivage de 50 mètres de largeur et de demi-myriamètre en demi-myriamètre, d'autres espaces vides de 20 mètres seulement, qui ne seroient aperçus que près des côtes.

Le nombre de ces grandes balises seroit de neuf, elles seroient dirigées sur des points et des passes indiqués dont chaque balise porteroit le nom.

Les massifs seroient en pins élevés, les allées ne seroient cultivées qu'en arbustes ou plantes vivaces propres aux bestiaux, rien ne seroit voué à la stérilité.

Ceux qui savent combien la seule forêt de Royan est utile aux navigateurs, combien ils veillent à sa conservation, pourront apprécier les idées de l'auteur, dont il faut suivre, dans l'ouvrage même, les développemens, qu'il m'est impossible de présenter dans un rapport.

Il est inutile de vous dire, Messieurs, que ces grandes divisions en allées et en massifs, préserveroient des incendies si communs, si dangereux dans les forêts de pins et d'arbres résineux. La chose s'annonce d'elle-même ; je ne dois point oublier que je parle devant des agriculteurs, et que je ne dois qu'indiquer les objets qui ne se rapportent pas directement à l'agriculture.

Je me hâte donc de vous présenter les vues de l'auteur, pour rendre à la culture d'immenses terreins aujourd'hui couverts par les eaux repoussées et refoulées par les dunes elles-mêmes.

Veuillez-vous rappeler que la surface des dunes est d'environ 37 myriamètres; ces dunes renferment des étangs, de vastes marais inondés, dont on peut évaluer la surface à 63,000 hectares, dont plus de 40,000 peuvent, selon l'auteur, être facilemeut rendus à la culture.

Ce sont les vents et les sables qui ont formé ces vastes amas d'eau ; ce sont les vents et les sables qui doivent les dessécher, et la Nature peut ainsi réparer ses propres dommages, quand elle appelle à son secours l'industrie de l'homme.

Il s'agit ici, Messieurs, des vastes marais et

des étangs d'Hourtin, de Sainte-Hélène, de Lacanau, du Porge, qui ne peuvent décharger leurs eaux que par le bassin d'Arcachon ;

Des étangs de Casau, de Biscarosse, de Parentis et d'Aurélian, qui ne peuvent se rendre à la mer que par le canal de Mimizan.

Ces grandes masses d'eau sont liées par des chenaux peu profonds, toujours situés au pied des dunes et comblés par elles Leurs sables tendent sans cesse à élever le fond de ces vastes bassins qui se répandent alors dans les terres. Il est donc extrêmement nécessaire de les conduire directement à la mer.

Mais par quels moyens ? Comment creuser des canaux dans des sables mouvans ? L'auteur propose de laisser entre les massifs plantés d'arbres ou d'arbustes, des espaces vides qui bientôt se transformeront en canaux, parce que les sables exposés à la fureur des vents, resserrés dans des gorges factices, seront enlevés, disséminés sur les dunes voisines, dans les valons et les étangs, jusqu'à ce que l'ancien sol reste à nu.

Alors les sables jetés par la mer, trouvant des pentes établies, suivront la même direction que les premiers.

Il suffira d'aider l'action des vents, en grattant et remuant, par le moyen d'une herse légère, la partie supérieure des dunes, pour en faire sécher plus promptement les sables, qui, comme nous l'avons dit, ont la propriété de conserver longtemps leur humidité.

Quelques soins seront nécessaires pour suivre l'action des sables remués par les vents, régler grossièrement leurs talus, les ensemencer et les couvrir comme les dunes elles-mêmes.

Aussitôt que le fond du valon, ou la superficie de ces nouveaux canaux, sera de niveau avec les eaux des marais, des étangs, ces eaux rompront elles-mêmes la foible digue que leur opposent des sables mobiles; un simple filet d'eau sera bientôt transformé en un torrent dont les eaux se rendront à la mer avec une vitesse combinée en raison de leurs masses et de leur pente.

Alors de vastes terreins seront rendus à la culture, de vastes terreins plantés ou cultivés échapperont aux ravages des eaux.

Cette théorie n'est-elle qu'ingénieuse? Peut-on en espérer le succès? Des expériences assez positives semblent le garantir (1).

(1) De simples cordons de fascines d'un mètre $\frac{1}{2}$ (4 pieds $\frac{1}{2}$) de hauteur ont, dans l'espace de deux mois au plus, creusé plusieurs vallons de 20 mètres (60 pieds)

L'auteur propose d'ouvrir quatre canaux de ce genre.

Le premier seroit dirigé des bords de la mer sur l'étang d'Hourtin ;

Le deuxième, sur l'étang de Lacanau ;

Le troisième, sur celui de Casau ;

Le quatrième, sur celui de Parentis ou de Biscarosse.

Vous ne vous attendez pas, Messieurs, à trouver ici le développement, les moyens d'éxécution que propose l'auteur ; tel ne pouvoit être l'objet de ce rapport.

Nous devions vous faire connoître les travaux faits par M. *Brémontier*, ses vues et ses projets pour de plus grandes entreprises.

Nous devions sur-tout (et c'est une obligation que nous croyons avoir remplie avec une scrupuleuse exactitude) distinguer soigneusement les faits existans constatés par des procès-verbaux de commissaires nommés par les différentes Administrations, des vues de l'auteur qui ne sont encore que des projets; mais nous avons cherché à vous faire connoître les degrés de probabilité dont leur exécution nous a paru susceptible. Les talens de

---

de largeur, sur 6 à 8 mètres (18 à 24 pieds) de profondeur et sur 100 mètres (300 pieds) de longueur.

M. *Brémontier*, son zèle infatigable pour le bien public, offrent la plus forte garantie pour le succès de ces grandes entreprises.

Mais ce n'est pas la Nature seule qui lui a opposé des difficultés : il faut bien l'avouer, Messieurs ; l'envie, la jalousie, si naturelles aux hommes, ont souvent traversé les entreprises de M. *Brémontier*, et il s'en plaint avec une noble simplicité.

On a commencé par nier la possibilité de la fixation des dunes.

Pour toute réponse, il a fixé des dunes et démontré la possibilité de les fixer toutes avec le temps.

Alors on lui a contesté la découverte, la propriété de ses moyens ; il n'avoit fait dans le bassin d'Arcachon que ce que d'autres avoient fait sur les côtes de Flandre, de Hollande et de France.

Nous vous avons mis à portée, Messieurs, ainsi que ceux qui liront ce rapport, de prononcer sur cette question qui intéresse l'industrie françoise.

Il importe de savoir si, dans ce genre comme dans tant d'autres, nous avons été au-delà de l'industrie des autres peuples, ou si nous ne sommes que leurs imitateurs.

Pour mieux fixer votre opinion, j'ai cru, Messieurs, devoir étayer les faits que contient ce rapport, sur-tout celui de la marche progressive des sables, du poids de l'autorité d'un homme à qui on ne contestera pas sans doute le talent de bien observer et de bien décrire.

C'est notre illustre *Montaigne* qui, comme chacun sait, vivoit dans le seizième siècle, et écrivit ses premiers Essais en 1580, douze ans avant sa mort.

Voici ses propres expressions (que je me garderai bien d'altérer), livre I, chapitre 30.

« Il me semble, dit-il, qu'il y ait des mou-
» vemens naturels les uns aux autres, fiévreux
» dans ces grands corps comme aux nôtres. »

» Quand je considère l'impression que ma
» rivière de Dordogne fait de mon temps vers
» la rive droite de sa descente, et qu'en vingt
» ans elle a tant gagné et dérobé le fondement
» à plusieurs bâtimens, je vois bien que c'est
» une agitation extraordinaire. Car si elle fût
» toujours allé ce train ou dût aller à l'a-
» venir, la figure du monde seroit renversée;
» mais il leur prend des changemens. Tantôt
» elles s'épandent et tantôt elles se contien-
» nent. Je ne parle pas de soudaines inon-

» dations, de quoi nous manions les causes.

» En Médoc, le long de la mer, mon frère, » sieur d'Arsac, voit *une sienne terre ense-* » *velie sous les sables que la mer vomit* » *devant elle.* Le faîte d'aucuns bâtimens » paroît encore; ses rentes et domaines se » sont échangés en pacages bien maigres. Les » habitans disent que, depuis quelque temps, » la mer se pousse si fort vers eux, qu'ils » ont perdu quatre lieues de terre. Ces sables » sont ses fourriers et voyons de Montjoie, » *d'arènes mouvantes qui marchent une de-* » *mie lieue devant elles et gagnent pays* ».

C'est ainsi, Messieurs, qu'au XVIe. siècle, *Montaigne* décrivoit, avec son énergie accoutumée, les mêmes faits que rapporte aujourd'hui M. *Brémontier.*

Mais il importe d'observer combien depuis lors, c'est-à-dire depuis plus de deux siècles, les ravages des sables de la mer et des eaux intérieures se sont propagés.

Voici des points de remarque assez frappans.

L'Isle de Cordouan, qui tenoit à la terre ferme, est déjà loin du rivage.

Le fort Cantin, construit en 54, à plus de 200 mètres de la mer, est aujourd'hui enseveli sous les eaux.

Mimizan n'est plus qu'une commune abandonnée, et les habitans sont obligés sans cesse de reculer leurs établissemens. Dans quelques années l'église sera envahie par les sables (1).

Nous avons vu, Messieurs, que près la Teste, des arbres élevés sont recouverts de 20 à 30 mètres de hauteur; et comme l'ensablement a été progressif, les édifices, les arbres, ne changent pas de position. Les branches, les feuilles mêmes, restent dans leur état naturel, et se conservent jusqu'au moment toutefois où elles sont exposées au contact de l'air. Alors tout tombe en poussière.

CONCLUSION.

Il semble, Messieurs, qu'il est permis de conclure de tous ces faits, qu'en arrêtant les ravages de la mer, des sables et des eaux, M. *Brémontier* a rendu et rend encore des services importans à son pays.

Que quand il n'eût rien inventé, quand ses moyens pour fixer les dunes ne lui appartiendroient pas (ce qui est loin de notre opinion), on ne pourroit contester qu'il a fait dans les

---

(1) Les plantations que l'on a récemment faites viennent de mettre cet édifice à l'abri de tout danger.

plages immenses qui s'étendent entre l'Adour et la Gironde, une grande et belle application des procédés employés, dit-on, dans d'autres contrées.

Nous avouons encore que, malgré nos recherches, les contrées où de semblables moyens ont été employés ne nous sont pas connues; ce n'est assurément, ni en France, ni dans les Pays-Bas, ni dans la Hollande. Les procès-verbaux même de l'état actuel des travaux faits dans la Hollande le démontrent.

Les vues de M. *Brémontier*, pour assurer les côtes dangereuses du bassin d'Arcachon, pour dessécher les vastes marais renfermés aujourd'hui par les dunes, pour faire reconnoître les passes où les bâtimens trouveroient un port assuré, là où ils ne rencontrent aujourd'hui que des naufrages; ces vues, dis-je, ne peuvent être contestées à l'auteur, et ces vues sont d'une grande utilité. Nous avons cru, Messieurs, devoir les consigner dans ce rapport. C'est une justice anticipée que vous rendrez à notre estimable collègue. C'est aux hommes instruits, c'est aux Sociétés savantes qu'il appartient de fixer l'opinion publique sur les véritables services rendus à la société, sur les travaux de ces hommes trop rares qui, loin de toute intrigue, consacrent leurs veilles à des travaux utiles aux hommes, dont ils n'éprouvent pas toujours la reconnoissance. Le suffrage des Sociétés savantes est le seul tribunal qu'ils puissent invoquer, le seul encouragement qu'ils sollicitent, la seule ambition digne d'eux, le seul moyen qu'ils savent employer auprès du Gouvernement pour obtenir le droit d'être plus utiles encore à leur patrie et à leurs concitoyens.

Votre Commission vous propose, Messieurs, de faire remettre à M. *Brémontier*, copie de ce rapport, en l'autorisant à en faire l'usage qu'il croira convenable; ou si vous en votez l'impression, de lui en faire remettre cinquante exemplaires.

GILLET-LAUMONT, TESSIER, P. C. CHASSIRON.

Extrait du Procès-Verbal de la Séance de la Société, du 19 Février 1806.

La Société, dans sa séance du 19 Février 1806, a adopté le rapport et les conclusions, et arrête que ce rapport sera imprimé dans ses *Mémoires*, et qu'il en sera tiré à part cent exemplaires, pour être remis à M. *Brémontier.*

Signé SILVESTRE, *Secrétaire.*

DEUXIÈME RAPPORT,

Lu dans la Séance du 2 Avril 1806.

Messieurs,

Dans le rapport qui vous fut fait sur les travaux entrepris pour fixer les dunes entre l'Adour et la Gironde, votre Commission crut pouvoir vous assurer que les moyens employés pour y parvenir, appartenoient à l'industrie françoise, qu'il paroissoit certain que, dans cette circonstance, comme dans beaucoup d'autres, nous avons été plus loin que les autres peuples; que, dans le Danemarck et en Angleterre, on avoit, à la vérité, fixé des sables mouvans et des dunes, mais par des moyens différens, dispendieux et impraticables dans de vastes entreprises; que les Flamands et les Hollandois avoient, depuis longtemps, cultivé des sables plus ou moins fertiles, mais que jamais ils n'avoient tenté de fixer des sables mobiles et voyageurs, s'il est permis de s'exprimer ainsi. Nous avons rapporté les propres expressions consignées dans la Statistique de M. *Dieudonné*, Préfet du département du Nord, qui proposoit pour exemple, pour modèle à suivre, les travaux faits entre l'Adour et la Gironde, en se plaignant de l'abandon où se trouvoient les dunes de son Département.

Nous ajoutâmes qu'il vous seroit fait un rapport particulier de celui fait au Gouvernement de la Hollande, imprimé à Leyde, et publié dans les années 1798 et 1799, par la Commission nommée pour examiner *l'état des dunes, les moyens propres à avancer leur fertilisation.*

C'est cet engagement que nous venons remplir aujourd'hui, en vous prévenant toutefois, que c'est sur l'extrait même de l'ouvrage précité, que nous avons travaillé; mais que cet extrait mérite d'autant plus de confiance, qu'il offre une analyse très-bien faite, et la table des matières, chapitre par chapitre, dont le texte même est rapporté.

Nous citerons donc les faits énoncés dans cet extrait, et ces faits pourront déterminer votre opinion et celle de ceux qui liront cet écrit.

Vous verrez, Messieurs, que, généralement, les sables de la Hollande ne sont pas

presqu'entièrement

presqu'entièrement quartzeux, comme ceux de la Gironde.

Que ceux qui sont de cette nature, et qui sont toujours mobiles, étoient regardés comme infertiles à l'époque de 1789; que les procédés employés pour cultiver les sables jugés susceptibles de production, diffèrent totalement des moyens employés sur les rives de la Gironde, etc. Nous allons, Messieurs, laisser parler les Commissaires eux-mêmes.

« Les sables dont les dunes (de Hollande)
» sont composées, sont tantôt très-fins, et
» comme en poussière, tantôt d'un grain
» plus gros. Ici ils sont mêlés avec des co-
» quilles, là ils sont purs. On a trouvé, soit
» par des sondes, soit par des fouilles, à
» différentes profondeurs, des couches de
» substances différentes; par exemple, la
» terre noire, l'argile, la terre glaise, la
» tourbe, et même, en quelques endroits,
» de la marne, des oxides de fer, tant jaunes
» que bruns, etc. »

D'après ce, les Commissaires établissent trois classes dans les dunes, relativement à leur rapport.

1°. Les dunes stériles;

2°. Les dunes susceptibles de rapport;

3°. Celles cultivées et d'un rapport actuel.

Ils mettent dans la première classe la partie dépourvue de toute végétation, et dont les sables continuent à être mobiles. Ils y placent aussi généralement toutes les hauteurs qui s'élèvent de 6 mètres 66 centimètres au-dessus du fond sur lequel elles sont situées.

Les Commissaires conviennent qu'il n'y a point de terreins sablonneux assez arides qui ne puissent, quand on le voudra, fortement servir à faire naître des hommes, comme s'exprime M. *Duluc ;* mais ils observent que les sables qui ont besoin d'être fixes avant de produire, sont réellement et pendant long-temps à charge au propriétaire.

« On a cru très-long-temps (ce sont tou-
» jours les Commissaires qui parlent) qu'on
» ne pouvoit tirer aucun autre fruit des dunes
» que d'y élever des lapins. Les employés de
» l'État en comptoient un certain nombre tous
» les ans parmi leurs émolumens, qui depuis
» ont été convertis en argent, en conservant
» toujours le nom de lapins.

» La chasse s'exerçoit presqu'uniquement
» sur les dunes ; ainsi toute cette vaste éten-
» due de sables ne servoit, d'après l'opinion
» commune, qu'à protéger, *comme une grande*

» *digue*, le pays contre la mer du Nord, et, » en second lieu, pour nourrir des lapins en » abondance.

» Le droit de chasse fut maintenu, favo» risé, étendu par divers arrêts du Gouver» nement, souvent au grand désavantage des » propriétés riveraines. »

Nous seroit-il permis, Messieurs, de conclure de ces faits, que les dunes de la Hollande ne sont pas voyageuses, que leurs sables sont peu mobiles, puisqu'elles forment de larges digues, puisque les lapins peuvent y vivre sans y être sans cesse enfouis; qu'enfin elles n'ont jamais été fixées par la culture : « Car, ajoutent les Commissaires, les habi» tans de la Hollande regardèrent trop long» temps les dunes comme des montagnes de » sables dont on ne peut tirer aucun parti, à » moins qu'on ne parvienne à les applanir. » (C'est en 1799 que les Commissaires écrivoient.)

Voyons maintenant, Messieurs, quels ont été les procédés employés par les Hollandois pour cultiver les sables qu'ils croyoient susceptibles de l'être.

Les dunes de Hollande forment trois chaînes de montagnes parallèles à la mer (sur-tout dans la Hollande sud) ; de-là vient la distinction entre les dunes antérieures (du côté des terres), les dunes intermédiaires , les dunes extérieures ou dunes de mer.

Depuis un temps immémorial, les villages ont été obligés de planter sur une certaine largeur dans l'intérieur des terres le long de l'arrête, ou terrein des dunes. Les Commissaires pensent qu'il ne doit être rien changé à cet usage salutaire.

Ils proposent divers encouragemens à accorder aux propriétaires, notamment l'exemption , pendant quarante ans , comme pour les desséchemens, de toute contribution foncière.

Ils invitent à imiter les travaux entrepris par le Gouvernement , pour fixer les sables dans les parties susceptibles de culture.

Voyons quels sont ces travaux.

1°. Ce sont les plantations intérieures sur les terres même qui longent les sables ;

2°. La plantation des genêts qui, par leurs racines et leurs fruits , sont propres à fixer les sables ;

3°. Enfin , pour fixer les genêts eux-mêmes, quels sont les moyens employés? Ce sont de petites bottes de paille fixées par des piquets de 66 centimètres de long , plantés soit séparément, soit conjointement avec les genêts.

Les Commissaires ajoutent :

« On n'a jamais employé d'autres moyens » en Hollande. »

Vous pouvez maintenant, Messieurs, juger si ces moyens sont ceux employés entre l'Adour et la Gironde, et si on eût pu en opposer de pareils à la marche des sables et des dunes.

Nous croyons devoir respecter vos momens, et que de plus grands détails sont inutiles pour fixer votre opinion.

Nous terminerons par une observation que nous a fait naître, malgré nous, l'objet de ce rapport, et l'amour de notre pays.

Chez les nations voisines on accueille, on soutient, on anime, on encourage tous les hommes qui font, ou même qui tentent des découvertes utiles ; leurs travaux, leurs succès, sont une gloire nationale que chacun cherche à défendre. Parmi nous, au contraire, dès qu'une découverte, une expérience utile est annoncée, on commence par en contester la réalité, et si on ne peut y réussir, on cherche à en enlever la propriété à son auteur, on l'attribue à ceux qui nous ont précédés, ou bien aux peuples étrangers.

Il semble que le domaine des sciences parmi

nous soit un champ étroit et limité, où chacun craint de voir arriver des co-partageans qui viennent diminuer son héritage, ou plutôt c'est une mode, une manie, qui tient à l'influence qu'a exercée trop long-temps parmi nous une Nation rivale, dont je ne prétends nullement diminuer la gloire dans la carrière des sciences et des arts, mais qui par cela même n'a nullement besoin que nous lui fassions le sacrifice de la nôtre; la postérité seule jugera auquel des deux peuples la palme peut être adjugée. Jusque-là soutenons nos droits dans cet honorable concours; et puisse bientôt n'exister d'autre rivalité entre deux Nations faites pour éclairer le monde et pour s'estimer mutuellement!

GILLET-LAUMONT, TES[illegible]. [illegible] CHASIRON.

ATIF

De sept var cachon, entre l'Adour et la Gironde, ux qui ont servi à retenir les Sables, e avec des fonds fournis par le Gouvernem

NUMÉROS.	LI RIS ILLES.	OBSERVATIONS.
1	Sable des env ndans, 4,000 mètres de R sé. . .	C'est le sable le plus fin, le plus abondant en fer, dont les grains sont noirs ou bruns, ternes et opaques.
2	Sable de Verd à 5,000 mètres d ou de l'embouchur gmens.	
3	Sable des dun Lacanau, à 72,00 de Grave.	C'est le sable le plus aride.
4	Sable des dun 108,000 mètres d . . .	C'est le sable dans lequel les semis ont le mieux réussi, quoiqu'il ne soit presque que du quartz.
5	Sable de Sain haut de la gran gauche du chena de la pointe de G gmens.	Ici les sables commencent à augmenter de volume.
6	Sable des du chure de l'Adou de la pointe de ronde. . . . econ- . . .	Le fer y est en grains fins et ternes, tandis que si cela étoit du titane ferrugine, ainsi qu'il s'en trouve sur plusieurs endroits des côtes de France, les grains seroient lisses et luisans.
7	Sable des mo 4,000 mètres de dour, et à deux de celle de la Gi z gros.	On cultive la vigne dans ces sables.

N. B. Des Éc de l'Empire, rangée par Départemens, au Conseil des e.

Page 54.

TABLEAU COMPARATIF

De sept variétés de Sables provenant des Dunes du Bassin d'Arcachon, entre l'Adour et la Gironde, où M. Brémontier *a proposé et fait exécuter des Travaux qui ont servi à retenir les Sables, et à mettre en culture une grande étendue des Dunes avec des fonds fournis par le Gouvernement.*

NUMÉROS.	LIEUX.	COULEUR.	PARTIES COMPOSANTES.				OBSERVATIONS.
			QUARTZ ROULÉ.	MICA.	FER.	DÉBRIS DE COQUILLES.	
1	Sable des environs de Royan, à 4,000 mètres de Royan.	Gris.	Très-fin.	Assez abondant, très-divisé.	En petits grains noirs, bruns, en partie attirables.	Assez abondans, très-divisé.	C'est le sable le plus fin, le plus abondant en fer, dont les grains sont noirs ou bruns, ternes et opaques.
2	Sable de Verdon, près de Soulac, à 5,000 mètres de la pointe de Grave ou de l'embouchure de la Gironde.	Gris jaunâtre.	Fin.	Peu.	Grains très-fins, moins abondans.	Quelques fragmens.	
3	Sable des dunes d'Hourtins et de Lacanau, à 72,000 mètres de la pointe de Grave.	Jaune.	Un peu plus gros.	Point.	Très-peu.	Point.	C'est le sable le plus aride.
4	Sable des dunes de la Teste, à 108,000 mètres de la pointe de Grave.	Gris jaunâtre.	Fin.	Presque pas.	Très-peu.	Point.	C'est le sable dans lequel les semis ont le mieux réussi, quoiqu'il ne soit presque que du quartz.
5	Sable de Saint-Julien, pris sur le haut de la grande dune sur la rive gauche du chenal, à 174,000 mètres de la pointe de Grave.	Jaune pâle.	Plus gros.	Presque pas.	Très-peu.	Quelques fragmens.	Ici les sables commencent à augmenter de volume.
6	Sable des dunes, près l'embouchure de l'Adour, à 234.000 mètres de la pointe de Grave ou de la Gironde.	Gris mêlé.	Mêlé, fin et gros.	Presque pas.	Beaucoup en grains, en partie attirables.	Plusieurs reconnoissables.	Le fer y est en grains fins et ternes, tandis que si cela étoit du titane ferruginé, ainsi qu'il s'en trouve sur plusieurs endroits des côtes de France, les grains seroient lisses et luisans.
7	Sable des mouticules d'Anglet, à 4.000 mètres de l'embouchure de l'Adour, et à deux cent trente-huit mille de celle de la Gironde.	Jaunâtre.	Mêlé, plus gros et anguleux.	Presque pas.	Presque pas.	Plusieurs assez gros.	On cultive la vigne dans ces sables.

N. B. Des Échantillons de ces sept sables sont déposés dans la Collection générale des substances minérales de l'Empire, rangée par Départemens, au Conseil des Mines, rue de l'Université, N°. 61, ouverte au Public les Lundi et Jeudi de chaque semaine.

Page 54.